FORSCHUNGSBERICHTE DES LANDES NORDRHEIN-WESTFALEN

Nr. 1896

Herausgegeben im Auftrage des Ministerpräsidenten Heinz Kühn
von Staatssekretär Professor Dr. h. c. Dr. E. h. Leo Brandt

DK 621.745.342
669.046.558.22.004

Prof. Dr.-Ing. Wilhelm Patterson
Privatdozent Dr.-Ing. Franz Neumann
Dipl.-Ing. Richard Hofmann

Gießerei-Institut der Rhein.-Westf. Techn. Hochschule Aachen

Einfluß verschiedener Koksqualitäten
auf das Schmelzergebnis im Kupolofen

SPRINGER FACHMEDIEN WIESBADEN GMBH

ISBN 978-3-663-06268-4   ISBN 978-3-663-07181-5 (eBook)
DOI 10.1007/978-3-663-07181-5

Verlags-Nr. 011896

© 1968 by Springer Fachmedien Wiesbaden
Ursprünglich erschienen bei Westdeutscher Verlag, Köln und Opladen 1968

Inhalt

1. Einleitung und Aufgabenstellung 5

2. Beschreibung der untersuchten Kokssorten 6
   - 2.1 Gleichkornkoks 6
   - 2.2 HC-Koks 6
   - 2.3 Eisenkoks 6
   - 2.4 Würfelformkoks 8

3. Versuchsprogramm und Versuchsdurchführung 8
   - 3.1 Beschreibung der Versuchsanlage 8
   - 3.2 Versuchsprogramm 9

4. Versuchsauswertung und Diskussion der Versuchsergebnisse 10
   - 4.1 Schmelzleistung und Stoffbilanz 10
   - 4.1.1 Klimakorrektur der Windmenge 10
   - 4.1.2 Schmelzleistung 11
   - 4.1.3 Verbrennungsverhältnis 13
   - 4.2 Eisentemperaturen, Gichtgastemperaturen und Wärmebilanz 14
   - 4.2.1 Eisentemperaturen 14
   - 4.2.2 Gichtgastemperaturen 16
   - 4.2.3 Wärmebilanz 16
   - 4.3 Metallurgie 18
   - 4.3.1 Eisenabbrand 18
   - 4.3.2 Kohlenstoffabbrand 19
   - 4.3.3 Siliziumabbrand 20
   - 4.3.4 Manganabbrand 20
   - 4.3.5 Gesamtabbrand 22

5. Zusammenfassung 24

6. Literaturverzeichnis 25

1. Einleitung und Aufgabenstellung

Etwa 95% des flüssigen Eisens für die Grauguß- und die Tempergußproduktion werden in Kupolöfen erschmolzen bzw. vorgeschmolzen. Diese Zahl zeigt, daß der Kupolofen trotz des Vordringens elektrischer Schmelzaggregate noch immer der wichtigste Schmelzofen in den Grau- und Tempergießereien ist. Die notwendige Energie für die Verflüssigung des Eiseneinsatzes wird beim Kupolofenschmelzen hauptsächlich durch Verbrennen von Steinkohlenkoks erzeugt, obwohl es nicht an Versuchen gefehlt hat, auch andere Energielieferanten, wie z. B. Kalziumkarbid und Heizöl – zumindest als Zusatzbrennstoff –, zu verwenden. Für den Kupolofenbetrieb sind nicht alle Kokssorten gleich gut geeignet, da sie je nach Herkunft der Ausgangskohle, den vor dem Verkoken beigefügten Zusätzen und der Führung des Verkokungsprozesses ein recht unterschiedliches Schmelzergebnis liefern können. Bei der Bewertung von Koks für den praktischen Kupolofenbetrieb wird im allgemeinen eine bestimmte Kokssorte um so besser eingestuft, je höher – bei sonst gleichbleibenden Betriebsbedingungen – die mit diesem Koks erzielte Eisentemperatur ist. Über die Eisentemperatur, aber auch über das Aufkohlungsvermögen beeinflußt der eingesetzte Koks auch die Abbrandverhältnisse im Ofen. Von verschiedenen Kokssorten wird man wiederum derjenigen den Vorzug geben, deren Einsatz den geringsten Abbrand des Eisens und der Eisenbegleiter bewirkt. Zunehmend wichtiger wird auch die Forderung nach Gleichmäßigkeit des Kokses innerhalb einer Lieferung, insbesondere aber von einer Lieferung zur nächsten. Dies ist die Voraussetzung dafür, daß Schmelzleistung, Eisentemperatur und -analyse und die hiervon beeinflußten Qualitätseigenschaften nur in dem zulässigen Bereich schwanken, denn steigende Anforderungen an die Gußqualität und zunehmende Automatisierung zwingen zur gezielten Einstellung dieser Größen. Durchmesser, Porenstruktur, äußere und innere Oberfläche und Festigkeitseigenschaften der einzelnen Brennstoffstücke sollten daher möglichst wenig voneinander abweichen.

Da sehr wahrscheinlich der größte Teil der unerwünschten CO_2-Reduktion in einem kleinen engbegrenzten Raum unmittelbar über der unteren Begrenzung der Reduktionszone bei Temperaturen um 1700°C abläuft, sollte der Koks bei den dort herrschenden mechanischen und thermischen Beanspruchungen ausreichenden Widerstand gegen Zubruchgehen und Bildung von schmirgelndem und erosivem Abrieb haben, da beide Erscheinungen diese unerwünschte Reaktion fördern. Ideal wäre ein Brennstoff, der in der Reduktionszone möglichst wenig Neigung zur Bildung von Unterkorn hätte, dagegen beim Eintritt in die Verbrennungszone möglichst stark in kleinere Partikel zerfallen würde. Dadurch würde die für die Überhitzung des Eisens benötigte Wärmeenergie örtlich konzentriert gerade dort frei, wo sie am stärksten für die Eisenüberhitzung wirksam werden kann. Selbstverständlich sollte ein solcher Idealbrennstoff möglichst schwefel- und aschearm sein.

Im Rahmen dieser Arbeit wurden fünf Kokse untersucht, die zwar nicht alle Anforderungen des beschriebenen »Idealkokses« erfüllen, aber einige der aufgezeigten Eigenschaften haben. Damit sollte ein Beitrag geleistet werden zu dem Versuch, in Zusammenarbeit mit Zechen und Verkokern einen Kupolofenbrennstoff zu entwickeln, der auf die besonderen Anforderungen beim Durchsatz durch den Kupolofen zugeschnitten ist.

2. Beschreibung der untersuchten Kokssorten

2.1 Gleichkornkoks

Zur Herstellung des Gleichkornkokses wird eine besonders aufbereitete Kokskohlemischung verwendet, um zu erreichen, daß ein hoher Anteil des Koksausbringens in der gewünschten groben Körnung anfällt. Der Koks wird zur Erzielung hoher Festigkeit und Reaktionsträgheit in sogenannten Breitkammern über 500 mm Kammerbreite bei sehr langer Garungszeit (über 30 Stunden) erzeugt. Vor dem Absieben wird der Koks durch verschiedene Stürze und sonstige mechanische Beanspruchungen absichtlich strapaziert. Dies hat zur Folge, daß der Koks an allen rissigen Stellen durchbricht und Partien geringer Festigkeit zu Kleinkorn zertrümmert werden. Der so behandelte Koks wird dann auf die Fraktion 80–100 mm abgesiebt. Bei diesem Gleichkornkoks ist gleichsam schon ein Teil der Beanspruchung vorweggenommen, die normaler Gießereikoks auf dem Weg zum Ofen und im Ofen erfährt. Von der Sorte Gleichkornkoks I wurden zwei Lieferungen untersucht, die sich aber, wie die Untersuchung zeigte, im Ofen nicht – wie zunächst erwartet – völlig identisch verhielten. Die Qualität II unterscheidet sich von der Qualität I lediglich dadurch, daß der Ausgangskohlemischung ca. 10% Pech zugesetzt wurden.

2.2 HC-Koks

Bei der Herstellung des HC-Kokses wird besonderer Wert darauf gelegt, daß der Koks aus den gleichen Ausgangsstoffen hergestellt und gleichen Verkokungsbedingungen unterworfen wird, um eine möglichst gleichbleibende Qualität zu erzeugen, die Voraussetzung für die Vergleichbarkeit der Ergebnisse mehrerer Versuchsreihen ist.

2.3 Eisenkoks

Eisenkoks wird aus einem Gemisch von Kokskohle, Feinerz, Kalkhydrat und Teerpechschmelze hergestellt, das brikettiert und anschließend verkokt wird. Das zugesetzte Feinerz wird je nach Erzanteil und Temperaturführung bei der Verkokung mehr oder minder reduziert. Der Einsatz von Eisenkoks hat nach der Literatur folgende Vorteile [1]:

1. Verbesserung der mechanischen Eigenschaften insbesondere der Festigkeit des Kokses.
2. Erhöhung des Anfalls von grobstückigem Koks, der für Hütten- und Gießereizwecke geeignet ist.
3. Ersparnis an guten Kokskohlearten bzw. alleinige Verwendung schlechter Kokskohlearten.
4. Steigerung der Erzeugungsmenge an Eisenkoks in der Koksofenbatterie infolge schnelleren Durchsatzes.

An Hand von großtechnischen Versuchen weist Pak Syn Nok [2] auf die Möglichkeit hin, in Schachtöfen, die ähnlich wie Kupolöfen gebaut sind, aus Eisenkoks ohne Roheiseneinsatz ein vergießbares Eisen zu erzeugen.
Voraussetzung hierfür ist ein Eisenkoks, der aus Erzkohlerohlingen mit einem hohen Gehalt an Eisenkonzentrat hergestellt wurde. Da bei diesem Verfahren die Zwischenschaltung eines Hochofens entfällt, ist es vor allem für Entwicklungsländer von Interesse.

Der bei den vorliegenden Versuchen zugesetzte Eisenkoks wurde aus Erzkohlerohlingen hergestellt, die vor der Verkokung aus folgender Mischung bestanden:

- 47% Quenza-Erz
- 44% Pluto-Feinkohle
- 3% Kalkhydrat
- 6% Teerpechschmelze

Da im Vertikalkammerofen backendes Material nicht durchgesetzt werden kann, wurde die Entgasung in zwei Stufen vorgenommen. Die Erzbriketts wurden zunächst in der Stahlretorte bei Temperaturen von 450 bis 500°C geschwelt. Hierbei wurden 12% flüchtige Bestandteile und 7% grobe Feuchtigkeit entfernt. Die Gewichtsabnahme betrug also 22%. Die geschwelten Briketts wurden im Vertikalkammerofen nacherhitzt. Die Heizzugtemperatur betrug 1250°C. In der Kammermitte wurde eine Temperatur von 1000°C erreicht. Das Stückgewicht der verkokten Briketts betrug 14–14,5 g, das entspricht einer Gewichtsabnahme während der beiden Verkokungsstufen von 43%, bezogen auf das Rohbrikett. Die Eisenkoksstücke hatten etwa die Form eines abgeflachten Ellipsoides. In der Forschungsanstalt der Rheinstahl-Eisenwerke wurden drei Anschliffe von unverkokten und vier von verkokten Briketts qualitativ mikroskopisch untersucht. Aus dem entsprechenden Bericht [3] geht hervor, daß die unverkokten Briketts aus einer relativ homogenen Mischung von Hämatit und Kohle, die als obere Fettkohle bzw. untere Gaskohle angesprochen wurde, bestehen. Die Größe der Erz- bzw. Kohlekörner lag im Mittel bei 1,5 mm; in einem Fall wurden Schwankungen zwischen 0,25 und 2 mm festgestellt. Die Kohlekörner waren häufig mit FeS_2-Konkretionen besetzt.

Abb. 1   Würfelformkoks in verschiedenen Abbrandstadien

Die Untersuchung der verkokten Briketts gab kein so einheitliches Bild. Im allgemeinen konnte kein unveränderter Hämatit – kenntlich an seiner charakteristischen Rotfärbung in polarisierten Licht – mehr gefunden werden. Lediglich bei einem Eisenkoksanschliff von einer Probe, die vermutlich bei niedrigerer Temperatur verkokt war, wurde noch unverändert Hämatit beobachtet. Auch die Porenstruktur des Kokses war nicht ganz gleichmäßig. Bei fast allen Proben wurde eine grobe Porenstruktur mit dicken Zellwänden festgestellt. Ein Koksstück zeigte einen inhomogenen Aufbau mit teilweise großen Poren mit dicken Wänden, aber auch mit vielen kleinen Poren mit dünnen Zellwänden. Die einzelnen Koksstücke sind in einem Koksstück, wie der zugehörige Anschliff zeigt, isoliert verkokt, während bei den übrigen die Kokssubstanz ziemlich gut verflossen war. Im Gegensatz zu dieser mikroskopischen Untersuchung ergab die chemische Analyse, daß bei der Verkokung ein beträchtlicher Teil des Hämatits nicht reduziert wurde. Der oxydische Anteil muß selbstverständlich durch zusätzlichen Koks reduziert werden.

2.4 Würfelformkoks

Bei den konventionellen Verkokungsverfahren in der Koksbatterie ist Größe und Gestalt der Koksstücke sehr stark von den Verkokungsbedingungen und der Lage der Stücke in der Koksbatterie abhängig. Man erhält entweder stengelige oder runde Stücke, so daß man keine definierten Oberflächen und Volumina angeben kann. Es ist bekannt, welch großen Einfluß die angebotene Oberfläche auf das Reaktionsgeschehen im Kupolofen hat. Beim Einsatz von Würfelformkoks werden dem Ofen ständig gleiche Koksoberflächen angeboten, so daß zu erwarten ist, daß hierdurch der Ofengang gleichmäßiger gestaltet wird. Die Stücke behalten beim Durchgang durch den Ofen ihre typische Würfelgestalt bei, wie aus Abb. 1 zu ersehen, die Koks in verschiedenen Abbrandstadien zeigt. Auch hier handelt es sich um eine Versuchscharge, so daß nur Material für vier Testversuche zur Verfügung stand. Der Würfelkoks hatte die Abmessungen $90 \times 90 \times 75$ mm, entsprach also in der Stückgröße etwa dem Durchschnitt der HC-Kokse der Gleichkornfraktion 80–100 mm.

3. Versuchsprogramm und Versuchsdurchführung

3.1 Beschreibung der Versuchsanlage

Sämtliche Versuche wurden an der Versuchskupolofenanlage des Gießerei-Instituts durchgeführt. Der Kupolofen hat eine lichte Weite von 500 mm im Ausgangszustand und eine Höhe von 3650 mm über Düsenebene. Ein Freier-Grunder-Siphonsystem erlaubt einen kontinuierlichen Abfluß des erschmolzenen Eisens. In den Ofenschacht ist im Bereich der Schmelzzone eine Kühlschlange in das Futter eingelassen, die während der Versuchszeit den lichten Ofendurchmesser nahezu konstant hält. Diese Bauweise ergibt zwar einen gewissen zusätzlichen Wärmeverlust, verhindert aber unkontrollierbare Änderungen der Ofenquerschnittsverhältnisse und damit der spezifischen Ofendaten, wie Schmelzleistung je Quadratmeter und Stunde und Windmenge je Quadratmeter und Minute.
Die Messung der in den Ofen eingebrachten Windmenge erfolgte mit Hilfe zweier kontinuierlicher Windmengen- und Druckschreiber vor dem Gebläse und vor dem Ofen. Die Einsatzschmelzleistung wurde aus den Begichtungsprotokollen ermittelt. Das kontinuierlich aus dem Ofen abfließende Eisen wurde in einem Vorherd aufgefangen. Sobald der Badspiegel eine im Vorherd angebrachte Marke erreicht hatte, wurden 200 kg Eisen abgestochen. Aus den entnommenen Mengen und den zugehörigen Zeiten wurde graphisch die Ausbringschmelzleistung ermittelt.
Eine Schlackenleistung nach dem gleichen Verfahren zu messen, war aus verschiedenen Gründen nicht möglich. Einmal konnte nicht erfaßt werden, wieviel Schlacke trotz des Siphonsystems in den Vorherd gelangte, zum anderen lief die Schlacke oft nur unregel-

mäßig aus, so daß bei den großen Intervallen zwischen dem Wechsel der Schlackenkübel eine auch nur annähernd genaue Erfassung der Schlackenleistung nicht möglich war.
Die Rinneneisentemperatur wurde mittels eines in den Siphon eingebauten Pt–Pt/Rh-Elements (E 10) gemessen und mittels Teilstrahlungspyrometer kontrolliert. Im allgemeinen stimmten die thermoelektrisch gemessenen Temperaturwerte gut mit den optisch ermittelten Werten überein. Lediglich bei einem Versuch traten gegen Ende der Versuchszeit größere Differenzen zwischen den Werten der beiden Meßmethoden ein. Die thermoelektrische Messung ergab hierbei Temperaturen, die um 50–70°C über den optisch gemessenen Werten lagen. Erst nach Austausch des Thermoelementes stimmten die nach den beiden Methoden gemessenen Eisentemperaturen wieder gut miteinander überein. Da erfahrungsgemäß höher legierte Thermoelemente nicht zu sprunghaften Fehlanzeigen neigen, wurde bei den folgenden Versuchen neben dem Pt–Pt–Rh-Element mit 0 bzw. 10% Rh-Gehalt (E 10) ein Element mit 6 bzw. 30% Rh (E 18) zusätzlich eingebaut.
Auch die Gichtgastemperatur, die Futtertemperatur und bei den Warmwindversuchen die Temperatur des Windes beim Austritt aus dem Rekuperator und im Windring wurden thermoelektrisch gemessen. Diese Werte wurden stromlos von einem elektronisch kompensierenden 12-Kurven-Punktdrucker registriert. Die Windtemperatur am Ofenring und die Kühlwassertemperatur beim Ein- und Austritt in bzw. aus den Düsen und der Kühlspirale wurde alle 30 Minuten gemessen, ebenso alle 30 Minuten die durchfließende Wassermenge. Zur Ermittlung der Stoffbilanz wurden in Abständen von einer halben Stunde Rinneneisen- und Schlackenproben genommen. Die Zusammensetzung des Gichtgases wurde in Abständen von 10 Minuten mit einem Orsatgerät untersucht. Daneben wurde der Gehalt des Gichtgases an CO_2 und der Summe aus CO und H_2 automatisch mittels eines Mono-Gasschreibers ermittelt. Eine ausführliche Beschreibung des Ofens, der Begichtungseinrichtungen sowie der Zusatzaggregate für die Windvorwärmung wird in der Literatur [4] mitgeteilt, so daß auf eine weitere detaillierte Beschreibung verzichtet werden kann.

3.2 Versuchsprogramm

Tab. 1 gibt eine Übersicht über das Versuchsprogramm. Zur Bewertung der beiden Qualitäten des Gleichkornkokses wurden mit der Qualität I (ohne Pechzusatz) acht Versuche bei konstantem Kokszusatz (13,5 kg/100 kg Eisen) und fünf verschiedenen Windmengen durchgeführt. Drei Versuche dienten zur Prüfung der Reproduzierbarkeit der erhaltenen Leistungsdaten. Eine weitere Netzlinie wurde mit Gleichkornkoks I aus einer zweiten Lieferung gefahren, wobei ein ähnlicher Windmengenbereich überstrichen wurde. Die Qualität Gleichkornkoks II wurde ebenfalls bei fünf verschiedenen Windmengen und äquivalentem Kokssatz untersucht. Die Reproduzierbarkeit der Ergebnisse wurde bei dieser Qualität lediglich bei einer Windmenge untersucht.
Sieben Versuche wurden mit HC-Koks gefahren, um festzustellen, ob beim Einsatz neuerer Lieferungen des HC-Kokses die erhaltenen Leistungsdaten mit den Ergebnissen vorangegangener Arbeiten (Dipl.-Arbeit H. G. TRUMP [5] und F. KRÜTZNER [6]) übereinstimmten. Diese Überprüfung war notwendig, da in der vorangegangenen Dipl.-Arbeit H. KUCKERTZ [7] Abweichungen vom Kaltwindnetzdiagramm auftraten.
Wegen der geringen Stückigkeit des Eisenkokses und dem zusätzlichen Koksaufwand für die Reduktion erschien es nicht zweckmäßig, diese Qualität allein als Schmelzkoks einzusetzen. Daher wurden im Anschluß an zwei Versuche mit HC-Koks analoge Versuche mit einem Zusatz von 3,75 kg Eisenkoks je 100 kg Eisen gefahren, und zwar je ein Versuch mit Kalt- und Warmwind. Für diese Versuche war die gleiche Windmenge

Kokssorte	Versuchsübersicht Kurzbeschreibung	Anzahl der Versuche	Windmengen-bereich Nm³ / min	Kohlenstoff-angebot kgC/100kgFe	Zeichen
Gleichkornkoks I	Gießereikoks, der nach starker mechanischer Vorbeanspruchung auf 80-100mm abgesiebt wurde	8 6	13,5 - 23,7 13,3 - 22,3	11,3 - 11,5 11,6 - 11,9	× 1.Lief. ⊛ 2.Lief.
Gleichkornkoks II	Wie Gleichkornkoks I, jedoch wurde der Ausgangskohlemischung ca. 10% Pech zugesetzt	6	13,3 - 24,1	11,8	●
HC - Koks	Standardkoks, der bei der Aufstellung der Netzdiagramme verwendet wurde. Besonders aschearm und infolge grober Zellstruktur heiß-trommelfester als Normalkoks	7	15,0 - 20,3 *	9,0 11,8 13,8	□ ■
Eisenkoks	Gemisch aus 47% Feinerz, 44% Fein-kohle, 3% Kalkhydrat und 6% Teer-pechschmelze wird brikettiert und anschließend verkokt	2	20,6 * 14,0	11,8 + 1,7 11,8 + 1,7	△ ▲
Würfelkoks	Synthetischer Koks in Würfelform mit 90mm Kantenlänge, hergestellt durch Brikettierung normaler Koks-kohle und anschließender Verkokung	4	17,3 15,3 + 19,6	9,8 12,7	○ ⊙
			* Warmwind 300°C		

Tafel 1

vorgesehen wie bei den vorangegangenen Untersuchungen ohne Zusatz. Starker Ausbrand des Stichloches, der bei hohen Windmengen und entsprechend hohem Winddruck zum Entweichen von Wind durch das Stichloch führte, machte es jedoch notwendig, die Windmenge zu reduzieren.

Insgesamt vier Versuche bei verschiedenen Windmengen wurden mit Würfelformkoks* durchgeführt. Dabei wurden zwei bei einem Kohlenstoffangebot von 10 kg C/100 kg Fe und zwei Versuche bei einem solchen von 12,7 kg C/100 kg Fe durchgeführt. Als Füllkoks wurde hierbei 150 kg HC-Koks verwendet, da das Verhalten des Formkokses als Füllkoks nicht geklärt war.

4. Versuchsauswertung und Diskussion der Versuchsergebnisse

4.1 Schmelzleistung und Stoffbilanz

4.1.1 Klimakorrektur der Windmenge

Die Windmenge wurde an zwei verschiedenen Stellen, und zwar vor dem Gebläse und vor dem Windring am Ofen gemessen. Bei der notwendigen Klimakorrektur machen sich Druckunterschiede an der Blende und Änderungen des Wasserdampfpartialdruckes (relative Feuchtigkeit) am stärksten bemerkbar. An der Ansaugeblende schwankt der Druck bei zusätzlicher Berücksichtigung des verschiedenen Wasserdampfpartialdruckes zwischen 731 und 737 Torr. Die korrigierten Werte liegen entsprechend bei allen Versuchen um 5–6% unter den gemessenen Werten. An der Blende vor dem Windring am Ofen treten infolge des bei den einzelnen Windmengen unterschiedlichen Ofenwiderstandes viel größere Druckschwankungen auf. Sie betragen, wiederum auf trockene

---

* Siehe auch W. Patterson, F. Neumann und K. Soraruf, Diplomarbeit, K. Soraruf, TH Aachen [8]

Luft bezogen, 703–794 Torr. Die korrigierten Werte liegen daher zum Teil 1–2% über den gemessenen, die meisten aber wenige Prozent unter den gemessenen Werten. Abb. 2 veranschaulicht die Zusammenhänge zwischen gemessener und korrigierter Windmenge für die Ansaugseite.

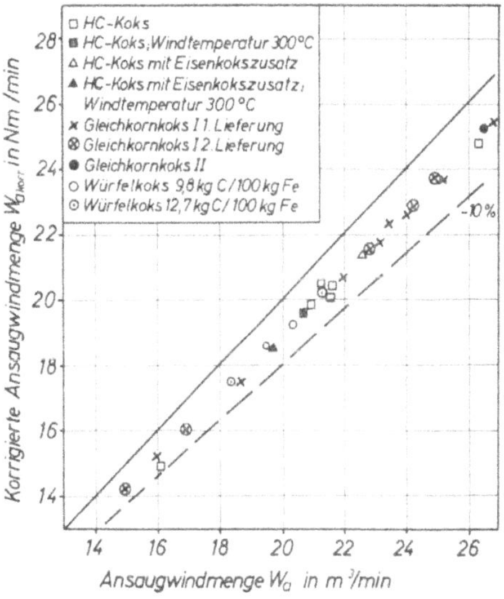

Abb. 2
Zusammenhang zwischen der über die klimatischen Bedingungen korrigierten Ansauggewindemenge und der unkorrigierten Windmenge

4.1.2 Schmelzleistung

Die Einsatzschmelzleistung wurde, wie bereits angeführt, aus den Gattierungsprotokollen errechnet, während die Ausbringschmelzleistung graphisch aus den dem Vorherd entnommenen Eisenmengen und den zugehörigen Zeiten bestimmt wurde.
Abb. 3 zeigt den Zusammenhang zwischen Einbring- und Ausbringschmelzleistung. Im allgemeinen ist die Ausbringschmelzleistung – wie erwartet – wegen des Abbrandes etwas geringer als die Einbringschmelzleistung. Bei wenigen Versuchen ist die Ausbringschmelzleistung etwas größer als die Einsatzschmelzleistung. Hier ergab sich auch aus der Stoffbilanz bei einem Versuch ein geringer Zubrand bzw. nur ein – im Ver-

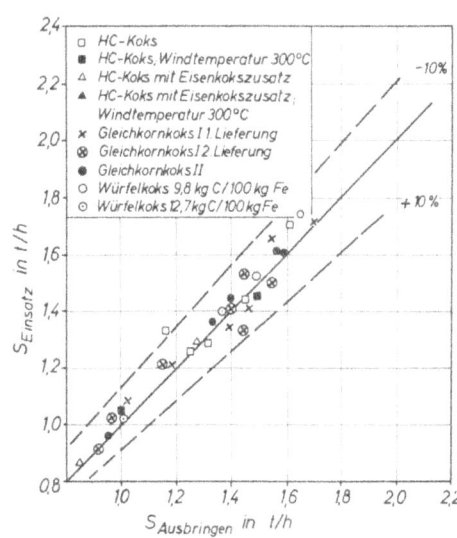

Abb. 3
Zusammenhang zwischen der Einsatz- und der Ausbring-Schmelzleistung

gleich zu den übrigen Werten – geringer Abbrand. Unregelmäßigkeiten im Ofengang, möglicherweise auch die trotz des Siphonsystems in den Vorherd gelangenenden Schlacke, sind wahrscheinlich die Ursache für die geringe Abweichung von den erwarteten Werten.

In Abb. 4 ist die gemessene Ausbringschmelzleistung den nach der Stoffbilanzgleichung berechneten Werten gegenübergestellt. Die Abweichung beträgt im allgemeinen weniger als 10% und bei ca. 50% der Versuche sogar weniger als 5%. Lediglich die Ergebnisse

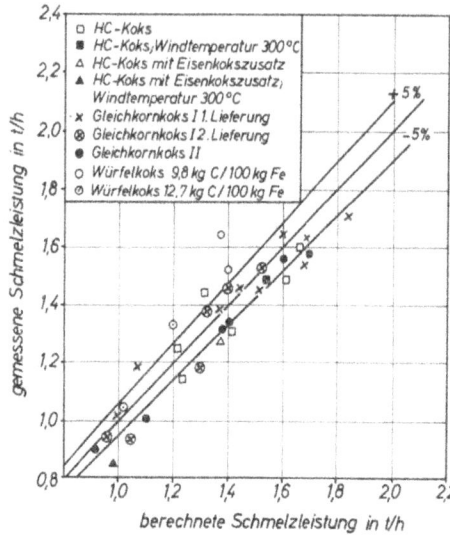

Abb. 4
Zusammenhang zwischen der gemessenen und der berechneten Schmelzleistungen für verschiedene Kokse

für den Würfelkoks weichen hier bis zu 20% ab. Hier traten aber auch einige Ungereimtheiten in den Zusammenhängen zwischen der korrigierten Ansaugwindmenge und dem Verbrennungsverhältnis und der Windmenge auf. Für beide Gleichkornkokssorten ergibt sich der erwartete lineare Zusammenhang zwischen Ausbringschmelzleistung und Windmenge. Da das Kohlenstoffangebot bei den Versuchen mit Gleichkornkoks II etwas höher lag als bei Gleichkornkoks I, liegen die erzielten Schmelzleistungen etwas niedriger (Abb. 5).

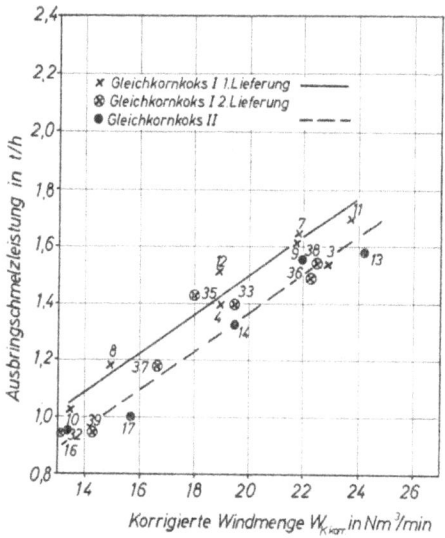

Abb. 5
Zusammenhang zwischen der gemessenen Schmelzleistung und der korrigierten Windmenge am Ofen für Gleichkornkoks I und II

4.1.3 Verbrennungsverhältnis

Auf die Zusammensetzung des Gichtgases, gekennzeichnet durch das Verbrennungsverhältnis

$$\eta v = \frac{\% \ CO_2}{\% \ CO + \% \ CO_2} \cdot 100,$$

hat eine Vielzahl von Größen Einfluß, u. a. die Temperaturverteilung im Ofen, insbesondere die maximale Ofentemperatur, dann die Reaktionsfähigkeit des Kokses, die Gasgeschwindigkeit und damit die Verweilzeit der Gase innerhalb der Reduktionszone, die von den Koksstücken angebotene äußere und innere Oberfläche, schließlich noch die Reaktionsendtemperatur und deren Lage im Kupolofen. Unter Reaktionsendtemperatur wird die Temperatur verstanden, bei deren Erreichen sich die Zusammensetzung des Gases nicht mehr ändert. Die Gichtgaszusammensetzung stellt die Summierung der Auswirkung aller dieser Einflußgrößen dar, die sich zudem noch gegenseitig beeinflussen. Eine Steigerung der Windmenge führt – nach Untersuchungen von E. Piwowarsky und K. Krämer [9] – zu höheren Gastemperaturen in allen Teilen des Ofens, d. h. aber, mit zunehmender Windmenge wird die Intensität der CO_2-Reduktion gesteigert. Andererseits nimmt durch Erhöhung der Windmenge die Gasgeschwindigkeit zu, d. h., die Verweilzeit innerhalb der Reduktionszone wird verkürzt. Nach Arbeiten von K. Hedden [10] und W. Patterson, F. Neumann und F. Krützner [6] wird mit zunehmender Windmenge die Reaktionsendtemperatur erhöht, d. h., die Reduktionszone wird eingeengt. Je nach den verschieden starken Auswirkungen dieser drei Einflußgrößen kann das Ergebnis unterschiedlich sein. Bei den vorliegenden Untersuchungen haben sich die verschiedenen Einflußgrößen so überlagert, daß der Windmengeneinfluß auf das Verbrennungsverhältnis nicht sehr stark war (Abb. 6). Zwischen

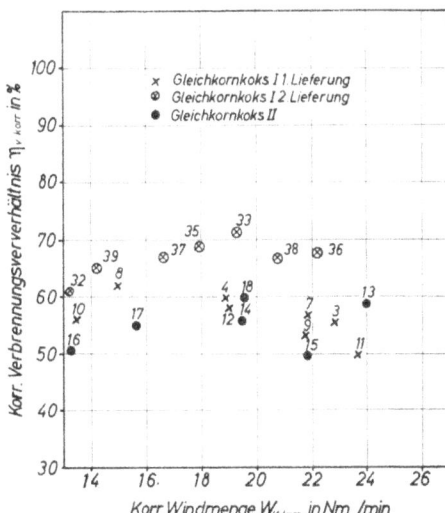

Abb. 6
Die Abhängigkeit des korrigierten Verbrennungsverhältnisses von der korrigierten Windmenge für die Kokse Gleichkornkoks I und II

Gichtgastemperatur und Verbrennungsverhältnis ergab sich kein gesicherter Zusammenhang. Dagegen ergibt sich für die erste Lieferung des Gleichkornkokses I ein linearer Zusammenhang zwischen der Eisentemperatur und dem Verbrennungsverhältnis. Die Rinneneisentemperatur ist vermutlich nur eine Indikatorgröße für die thermischen Verhältnisse im unteren Teil der Reduktionszone, wo der größte Teil der CO_2-Reduktion in einem eng begrenzten Raum oberhalb der Fläche maximaler Temperatur abläuft. Für die zweite Lieferung des Gleichkornkokses I liegen die Verbrennungsverhältnisse erheblich, teilweise um 10% über denen entsprechender Versuche der ersten Lieferung, ein Beweis dafür, daß trotz aller Bemühungen diese Kokslieferung nicht – wie angestrebt – identisch mit der Vorlieferung war. Die durch das höhere Verbrennungsverhältnis erzielten höheren Wärmeeinnahmen hatten keine Heraufsetzung der Nutzwärme im Eisen zur Folge, sondern wurden durch höhere Abstrahlverluste des Ofens kompensiert.

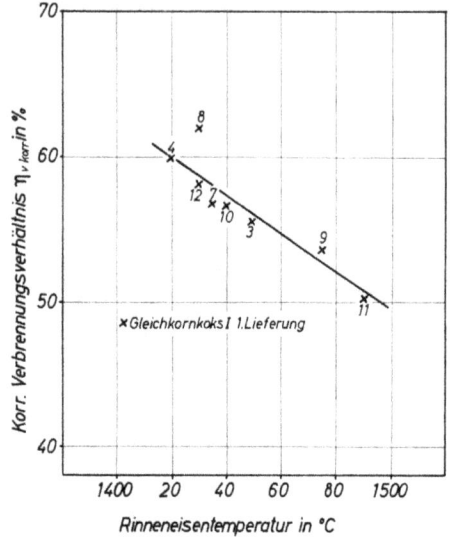

Abb. 7
Zusammenhang zwischen dem korrigierten Verbrennungsverhältnis und der Rinneneisentemperatur für Gleichkornkoks I

4.2 Eisentemperaturen, Gichtgastemperaturen und Wärmebilanz

4.2.1 Eisentemperaturen

Neben der Schmelzleistung ist die Eisentemperatur diejenige Größe, die den Gießer am meisten interessiert. In Abb. 8a sind für beide Lieferungen des Gleichkornkokses I die Eisentemperaturen in Abhängigkeit von der Windmenge dargestellt. Ein Temperaturmaximum, wie es in den Arbeiten von W. PATTERSON, F. NEUMANN und H. G. TRUMP [5]

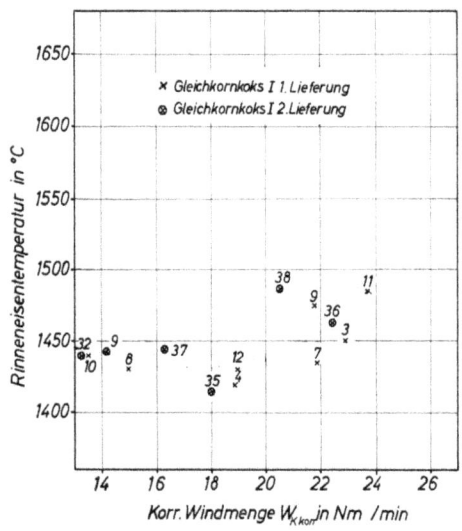

Abb. 8a
Zusammenhang zwischen der Rinneneisentemperatur und der korrigierten Windmenge für den Gleichkornkoks I

bei Verwendung von HC-Koks gefunden wurde, ließ sich bei Einsatz von Gleichkornkoks nicht feststellen. Es wäre allerdings denkbar, daß das Temperaturmaximum zu noch höherer Windmenge verschoben ist. Ein Temperaturmaximum war auch bei den Untersuchungen von W. Patterson, K. Löhberg und A. Dahlmann [11] und in einer Arbeit von W. Patterson und W. Weskamp [12] beobachtet worden. Denkbar wäre, daß die geringe Neigung des mechanisch vorbeanspruchten Kokses zur Bildung von Unterkorn ein Grund für das abweichende Verhalten ist, da der Unterkornanteil am Koksdurchsatz in der Reduktionszone sicher diejenige Größe ist, die die Temperaturverhältnisse hier – und damit auch die Eisentemperatur – am meisten beeinflußt. Bemerkenswert ist jedenfalls, daß nach der Heißtrommelung bei 1000°C die Kornfraktion unter 5 mm Größe um 2,2% geringer war als bei HC-Koks, das entspricht aber einer relativen Abnahme der spezifischen Oberfläche um 20%. Konstantes Kohlenstoffangebot vorausgesetzt, kann das Zusammenspiel der beiden wesentlichsten Einflußgrößen auf die Eisentemperatur-Windmenge und Koksstückgröße bzw. spezifische Oberfläche – wegen ihres gegenläufigen Charakters – je nach dem Dominieren der einen oder anderen Größe zu einem ganz verschiedenen Verlauf der Eisentemperaturen führen. In den Eisentemperaturen stimmen die beiden Lieferungen recht gut überein. Auch bei Gleichkornkoks II fehlt im untersuchten Windmengenbereich ein Maximum. Die Temperaturen steigen mit zunehmender Windmenge etwa linear an (Abb. 8b). Die Temperatur-

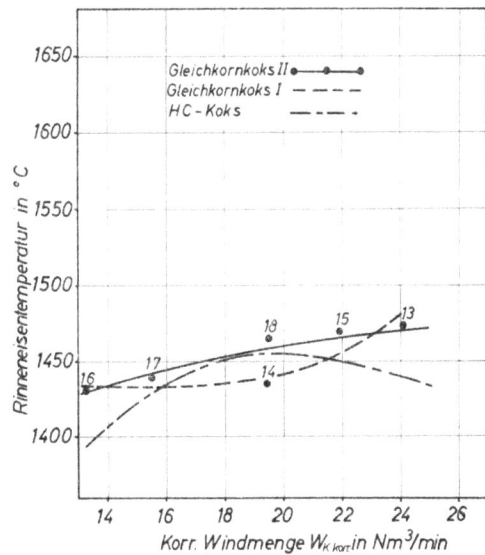

Abb. 8b
Zusammenhang zwischen der Rinneneisentemperatur und der korrigierten Windmenge für die Kokssorte Gleichkornkoks II

zunahme beträgt je Nm³ Windmengenerhöhung etwa 4°C. Zum Vergleich sind die entsprechenden Linien für Gleichkornkoks I und HC-Koks miteingezeichnet. Im ganzen erscheint die Eisentemperaturcharakteristik dieses Kokses der von HC-Koks jedoch ähnlicher als die von Gleichkornkoks I, was vermutlich in der Struktur dieses Kokses begründet liegt. Bei der Herstellung von Gleichkornkoks II wurde ähnlich wie bei der Herstellung von HC-Koks Pech zugesetzt. Die bei den Versuchen mit HC-Koks erzielten Eisentemperaturen stimmten recht gut mit den entsprechenden Werten früherer Untersuchungen überein. Der Zusatz von Eisenkoks bewirkte bei beiden Versuchen einen Abfall der Eisentemperatur, und zwar um 15°C bei dem Kaltwindversuch und um 65°C bei dem Versuch mit Warmwind. Die mit Würfelkoks erzielten Eisentemperaturen lagen unter denen vergleichbarer HC-Koksversuche, und zwar schwankten die Abweichungen zwischen 17 und 50°C.

4.2.2 Gichtgastemperaturen

Die Gichtgastemperatur ist naturgemäß starken Schwankungen unterworfen durch das Einbringen der kalten Beschickung, Unregelmäßigkeiten im Ofengang und sonstige Schwankungen im physikalisch-chemischen Geschehen im Ofen. Hierdurch erklärt sich auch die große Streuung der Werte bei gleichen Versuchsbedingungen. Die Gichtgastemperaturcharakteristik ist bei den beiden Lieferungen des Gleichkornkokses I verschieden. Bei der ersten Lieferung ergibt sich ein Verlauf, der etwa spiegelbildlich zu der Eisentemperaturkurve verläuft. Bei der zweiten Lieferung dagegen ergibt sich der in früheren Arbeiten [5, 6] beobachtete Anstieg der Gichtgastemperatur mit zunehmender Windmenge (Abb. 9a). Das gleiche gilt für Gleichkornkoks II, wie aus Abb. 9b zu ersehen ist.

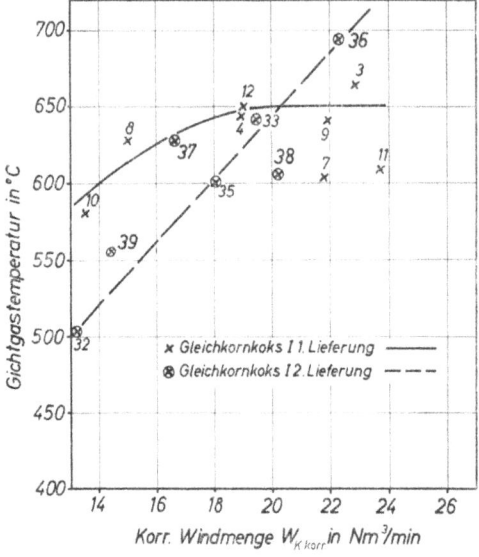

Abb. 9a
Der Zusammenhang zwischen der Gichtgastemperatur und der korrigierten Windmenge am Ofen für Gleichkornkoks I

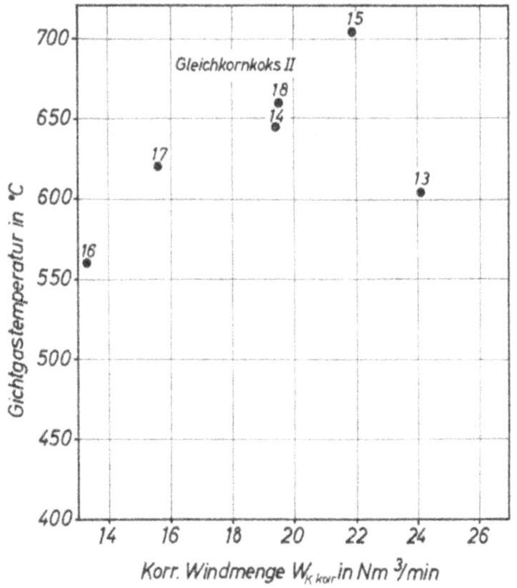

Abb. 9b
Zusammenhang zwischen der Gichtgastemperatur und der korrigierten Windmenge am Ofenring für den Gleichkornkoks II

4.2.3 Wärmebilanz

Die Wärmebilanz gibt Auskunft darüber, wie sich die Wärmeeinnahmen bei den verschiedenen Versuchen zusammensetzen und wie sich diese auf die einzelnen Wärmeausgaben aufspalten. Die Einnahmen setzen sich im wesentlichen aus Kohlenstoffverbrennungs- und Abbrandwärme zusammen. Die Ausgaben teilen sich auf in Eisen- und Schlackenwärme, fühlbare und latente Wärme des Gichtgases sowie Abstrahl-, Speicher- und Kühlwasserverluste. An den sehr unterschiedlichen Verlustwärmen, die sich beim Einsatz der verschiedenen Kokssorten ergeben, wird jedoch auch an Hand der Wärmebilanzergebnisse deutlich, daß sich die verschiedenen Kokse nicht identisch im Ofen verhalten. In Abb. 10a ist die Summe aus Abstrahl-, Speicher- und Kühlwasserverlusten gegen die Windmenge für Gleichkornkoks I (erste Lieferung) aufgetragen. Diese Verluste verringern sich in dem untersuchten Windmengenintervall (14–24 Nm³/min) um etwa 6000 kcal/100 kg Eisen. Zum Vergleich sei angeführt, daß der Unterschied in der Eisenwärme bei einer Temperatursteigerung von ca. 50°C nur etwa 1000 kcal/100 kg

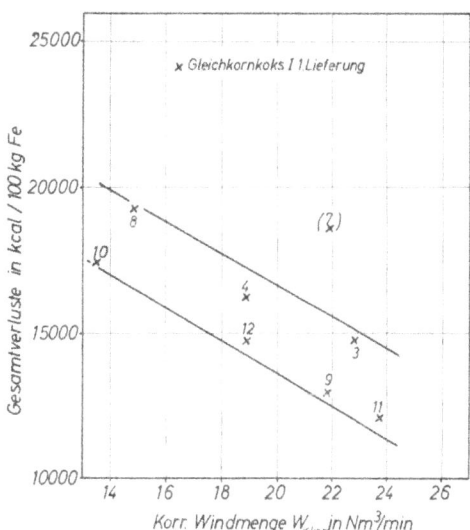

Abb. 10a
Die Summe der Kühlwasser-, Abstrahl- und Speicherverluste in Abhängigkeit von korrigierter Windmenge am Ofenring

Eisen beträgt. Diese Verluste liegen bei Einsatz von Gleichkornkoks I der ersten Lieferung um etwa 4000 kcal/100 kg Eisen niedriger als bei Gleichkornkoks II. Dagegen liegen die Verluste bei der zweiten Lieferung des Gleichkornkokses I erheblich über denen der beiden anderen Kokssorten, wie aus Abb. 10b zu ersehen ist. Die durch das erhöhte Verbrennungsverhältnis erzielten höheren Wärmeeinnahmen sind also durch höhere Abstrahl-, Speicher- und Kühlwasserverluste ausgeglichen worden und brachten keine Verbesserung des Nutzwärmeausbringens.

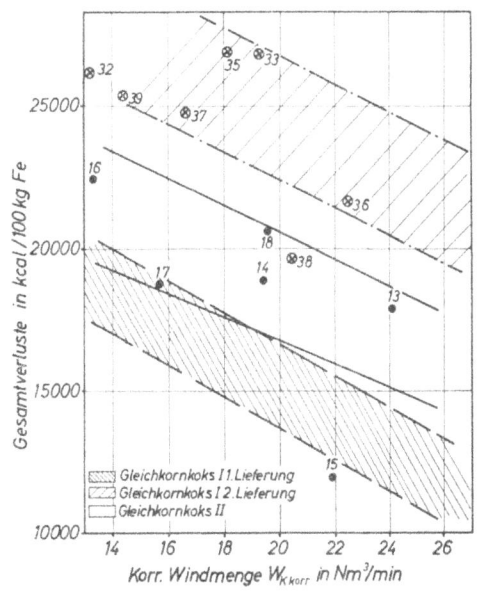

Abb. 10b
Die Summe der Kühlwasser-, Abstrahl- und Speicherverluste in Abhängigkeit von der korrigierten Windmenge bei Einsatz von verschiedenen Koksen

Das Ausmaß der Wärmeverluste ist eine Größe, die von der Beschaffenheit des Kokses abhängig ist, wie überhaupt die Aufteilung der Wärmeeinnahmen auf die einzelnen Wärmeausgaben eine koksspezifische Größe ist. Der Wärmenutzungsgrad ist ein indirektes Maß für die Verluste, denn er kennzeichnet das Verhältnis der im Eisen gespeicherten Nutzwärme zur gesamten aufgewendeten Wärme unter Berücksichtigung des

Verbrennungsverhältnisses und des Abbrandes. Die entsprechenden Werte liegen – wie Abb. 11 zeigt – zwischen 35 und 50% und bewegen sich damit im oberen Bereich der für Kaltwindbetrieb bei diesem Kohlenstoffangebot ermittelten Werte. Für Gleichkornkoks I ergibt sich eine schwach ansteigende Tendenz mit zunehmender Windmenge. Am schlechtesten ist der Nutzungsgrad bei den Versuchen mit Gleichkornkoks der zweiten Lieferung und Würfelkoks.

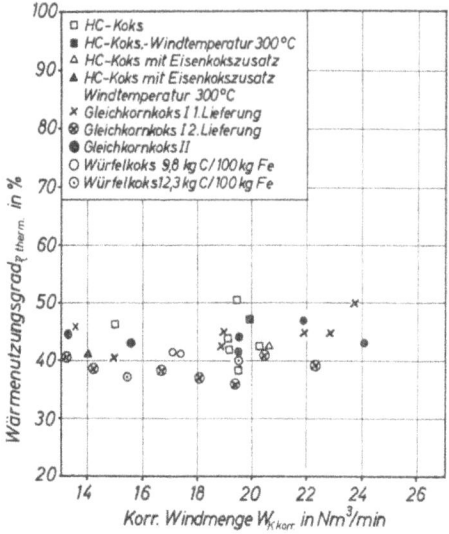

Abb. 11
Der Zusammenhang zwischen dem Wärmenutzungsgrad und der korrigierten Windmenge am Ofenring für die verschiedenen eingesetzten Kokssorten

4.3 Metallurgie

Der Abbrand bzw. Zubrand im Kupolofen ist nach F. NEUMANN [13] hauptsächlich von folgenden Faktoren abhängig:

Temperaturverteilung im Ofen,
Sauerstoffpotential der Ofengase,
Eisen- und Schlackenzusammensetzung,
Berührungsdauer der reagierenden Phasen und
Ausgangsanalyse.

Da die Berührungsdauer der Phasen und bei konstantem Kohlenstoffangebot auch das Sauerstoffpotential, d. h. die Oxydationskraft der Ofengase sich nur in kleineren Bereichen ändern, gehört die Eisentemperatur zu den wichtigsten den Abbrand beeinflussenden Größen, gefolgt von der Eisen- und Schlackenzusammensetzung, wenn diese in größeren Bereichen variiert wird.

4.3.1 Eisenabbrand

Bis zur Düsenebene nimmt der FeO-Gehalt der Schlacke, gemessen über die Ofenhöhe, zu, durchläuft etwa in der Höhe der Düsen ein Maximum und wird im Herd infolge Reduktion des gebildeten FeO wieder vermindert. Der analytisch festgestellte Eisenabbrand ist also das summarische Ergebnis von Oxydations- und Reduktionsvorgängen. Der Eisenbrand ist um so geringer, je höher die Temperatur im Ofen und je reduzierender die Ofenatmosphäre ist. Der starke Einfluß der Temperatur wird in Abb. 12 deutlich. Bei einer Eisentemperaturerhöhung um 50°C vermindert sich der Eisenab-

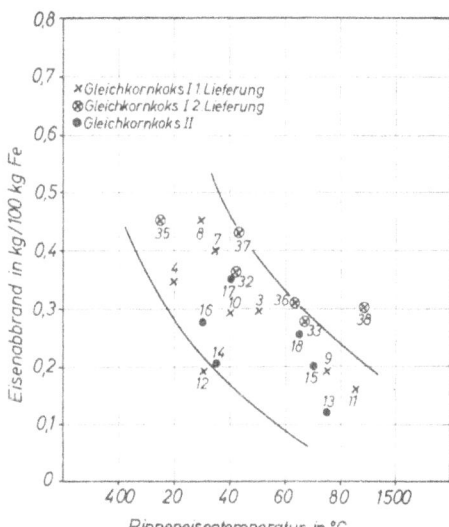

Abb. 12
Der Zusammenhang zwischen dem Eisenabbrand und der Rinneneisentemperatur

brand um mehr als die Hälfte. Nach Zusatz von Eisenkoks erhöhte sich der FeO-Gehalt der Schlacke nur geringfügig (ca. 1%), obwohl die Eisentemperatur bei Zusatz des Eisenkokses abfiel, also eine erhöhte Verschlackungstendenz für das Eisen gegeben war. Die enge Vermischung von Eisenoxyd und Kokskohlenstoff führt offenbar dazu, daß die im Eisenkoks enthaltenen Eisenoxyde nahezu vollständig reduziert wurden. Es dürfte also durchaus möglich sein, einen noch höheren Anteil an Eisenkoks einzusetzen. Allerdings wäre hierzu eine größere Grobstückigkeit des Eisenkokses erforderlich, da sonst negative Auswirkungen auf die Eisentemperatur nicht zu vermeiden sind.

4.3.2 Kohlenstoffabbrand

Der Kohlenstoffabbrand des Rinneneisens ist das summarische Ergebnis von Entkohlungs- und Aufkohlungsvorgängen, denen das Eisen beim Durchgang durch den Ofen unterworfen ist. Die Aufkohlung des Eisens ist um so günstiger bzw. der Kohlenstoffabbrand um so geringer, je basischer die Schlacke, je höher das Temperaturniveau im Ofen, je reduzierender die Ofenatmosphäre, je geringer der Aschegehalt des Kokses, je länger die Berührungsdauer zwischen flüssigem Eisen und heißem Koks und je weniger das Ausgangseisen schon an Kohlenstoff gesättigt ist.

Leider gibt es noch kein Verfahren, um die vorletzte Einflußgröße, die Durchtropfzeit des flüssigen Eisens, zu messen. Sie ist aber sicher neben Temperatur und Schlackenbasizität ein wichtiger Parameter und dafür verantwortlich, daß sich bei der Erfassung des Kohlenstoffabbrands ziemliche Streuwerte ergeben.

Zwei wichtige Größen, die Einfluß auf den Kohlungsvorgang selbst und auf die Lage der Schmelzzone haben, nämlich Eisentemperatur und chemische Zusammensetzung werden in der sogenannten temperaturabhängigen Sättigung zusammengefaßt, die nach folgender Formel (1) berechnet wurde:

$$SG_{(T)} = \frac{\% \text{ C}}{(1{,}3 + 2{,}57 \cdot 10^{-3} \cdot T_{\text{Fe}}) - 0{,}31 \% \text{ Si} - 0{,}33 \cdot \% \text{ P}} \qquad (1)$$

Trotz des breiten Streubandes ist deutlich eine Verminderung des Abbrandes bei Verringerung der temperaturabhängigen Sättigung für alle Kokssorten zu erkennen

(Abb. 13). Die Streuung der Werte ist vermutlich darauf zurückzuführen, daß der Koks auch innerhalb einer Lieferung nicht ganz homogen ist. Jedenfalls bestehen deutliche Unterschiede im Aufkohlungsvermögen der beiden Gleichkornkokse, da bei Einsatz von Gleichkornkoks II der Kohlenstoffabbrand erheblich größer war als bei Gleichkornkoks I.

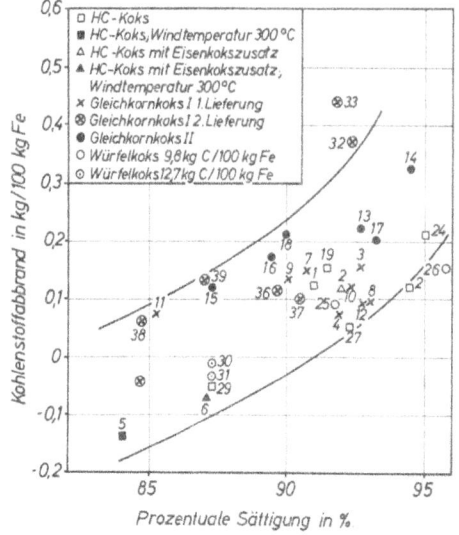

Abb. 13
Zusammenhang zwischen dem Kohlenstoffabbrand und der temperaturabhängigen prozentualen Sättigung des flüssigen Eisen

4.3.3 Siliziumabbrand

Der Siliziumabbrand ist um so geringer, je höher die Ofentemperatur, je saurer die Schlacke, je reduzierender die Ofenatmosphäre und je geringer der FeO- und MnO-Gehalt der Schlacke ist. Der Abbrand der einzelnen Eisenbegleiter ist stark miteinander verknüpft. So kann z. B. Mangan Silizium, andererseits aber auch Silizium Mangan vor Abbrand schützen. Ein Zubrand an Silizium und damit eine Verminderung des vorangegangenen Siliziumabbrandes im Kupolofen erfolgt in erster Linie durch Reaktion der Kieselsäure mit Kohlenstoff. Es besteht ein enger Zusammenhang zwischen Siliziumabbrand und Kohlenstoffabbrand. Verminderung des Siliziumabbrandes geht oft parallel mit einem verstärkten Kohlenstoffabbrand. Da die sonstigen den Siliziumabbrand beeinflussenden Größen ziemlich konstant waren, bleibt die Eisentemperatur als Haupteinflußgröße (Abb. 14a und b). Bei Zusatz von Eisenkoks stieg der Siliziumabbrand auf das Zwei- und Dreifache der Vergleichsversuche ohne Zusatz infolge der hiermit verbundenen Temperaturerniedrigung. Bei Einsatz von Würfelkoks war der Siliziumabbrand höher als bei vergleichbaren HC-Koksversuchen, weil auch hier eine geringere Temperatur erreicht wurde.

4.3.4 Manganabbrand

Der Manganabbrand ist, wie bereits gesagt, stark mit dem Abbrandverhalten anderer Eisenbegleiter, vor allem des Siliziums und des Eisens, selbst verknüpft. Damit im Zusammenhang steht der Einfluß der Koksqualität auf den Manganabbrand, denn alle Abbrandwerte bei Gleichkornkoks I liegen beträchtlich über vergleichbaren Werten mit Gleichkornkoks II (Abb. 15). Vermutlich steht dieses unterschiedliche Abbrandverhalten mit dem unterschiedliche Aufkohlungsvermögen der beiden Kokse, das wiederum auf

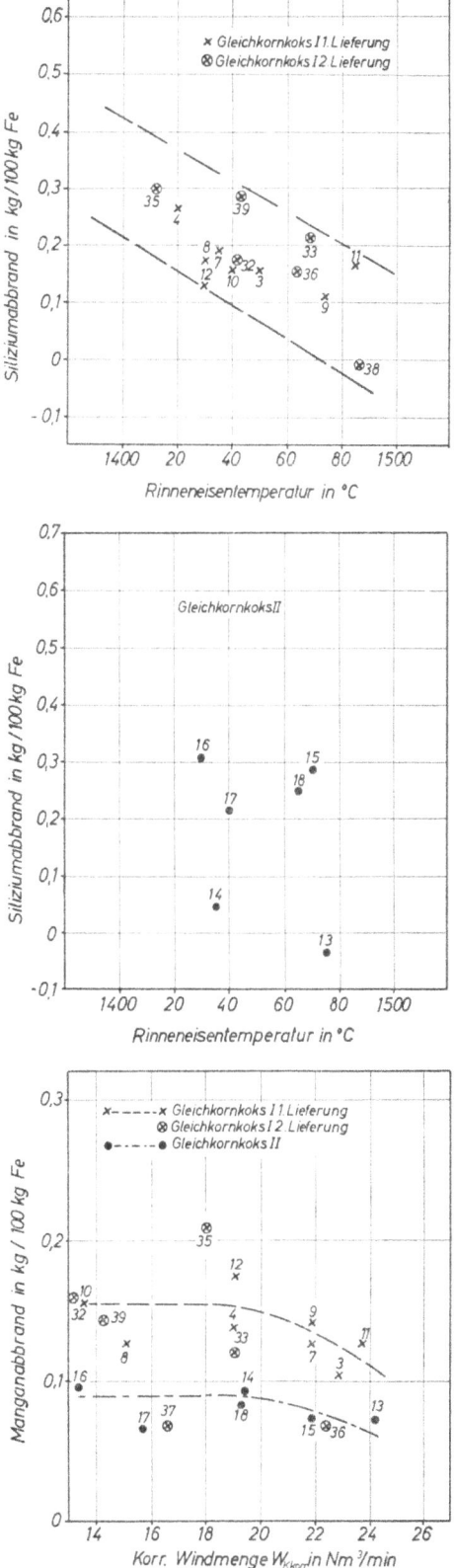

Abb. 14a
Zusammenhang zwischen dem Siliziumabbrand und der Rinneneisentemperatur

Abb. 14b
Der Zusammenhang zwischen dem Siliziumabbrand und der Rinneneisentemperatur für den Gleichkornkoks II

Abb. 15
Zusammenhang zwischen dem Manganabbrand und der korrigierten Windmenge für die Kokssorten Gleichkornkoks I und II

den Si-Gehalt von Einfluß ist, in Verbindung. Auch der Manganabbrand vermindert sich deutlich mit zunehmender Eisentemperatur (Abb. 16). Der FeO-Gehalt der Schlacke ist dem MnO-Gehalt proportional, wie aus Abb. 17 zu ersehen ist. Der für die HC-Koksversuche und die Versuche mit Eisenkokszusatz ermittelte Manganabbrand liegt innerhalb des gleichen Intervalls wie die Werte für die Gleichkornkokse. Bei Einsatz von Würfelkoks ist er geringer als bei den übrigen Kokssorten, was jedoch mit den abweichenden Kohlenstoffangeboten zusammenhängen kann.

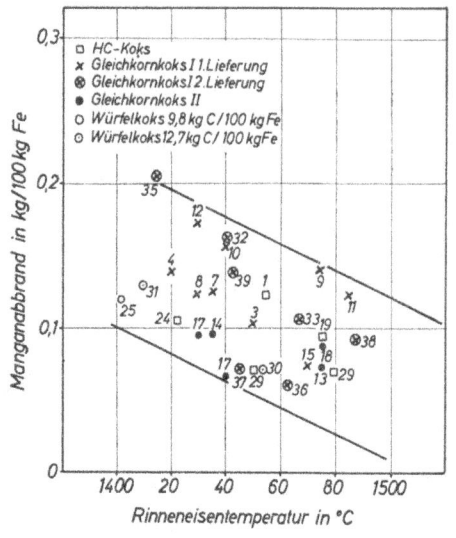

Abb. 16
Zusammenhang zwischen dem Manganabbrand und der Rinneneisentemperatur beim Einsatz verschiedener Kokssorten

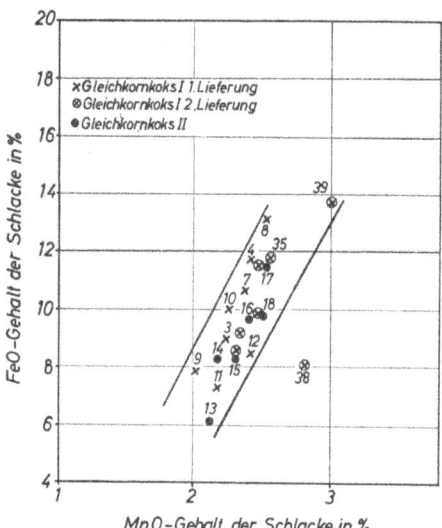

Abb. 17
Zusammenhang zwischen dem FeO-Gehalt und dem MnO-Gehalt der Schlacke

4.3.5 Gesamtabbrand

Der Temperaturverlauf im Ofen ist für die meisten Eisenbegleiter diejenige Größe, die am stärksten den Abbrand beeinflußt, vorausgesetzt, daß sich die Schwankungen in der Zusammensetzung des Eisens und der Schlacke – wie bei der vorliegenden Versuchsserie – in Grenzen halten. Daher war zu erwarten, daß die Kurve des Gesamtabbrandes in Abhängigkeit von der Windmenge etwa spiegelbildlich zu der analogen

Eisentemperatur verläuft, wie durch Abb. 18 auch bestätigt wird. Da auch noch andere Größen, wie z. B. Verbrennungsverhältnis, Basizität, Berührungsdauer zwischen den einzelnen Phasen, den Gesamtabbrand beeinflussen, hat Abb. 19, das den Zusammenhang zwischen Gesamtabbrand und der Rinneneisentemperatur zeigt, einen relativ breiten Streubereich.

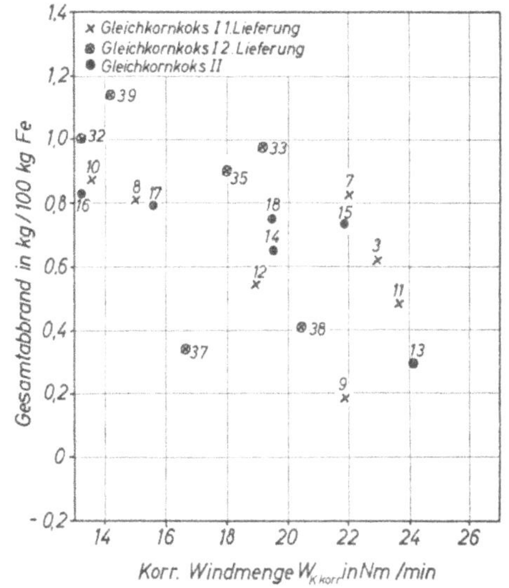

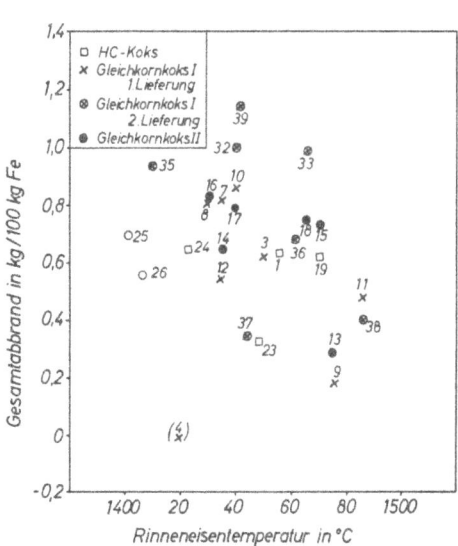

Abb. 18
Zusammenhang zwischen dem Gesamtabbrand und der korrigierten Windmenge am Ofenring

Abb. 19
Zusammenhang zwischen dem Gesamtabbrand und der Rinneneisentemperatur

5. Zusammenfassung

In insgesamt 33 Versuchen wurde die Verwendbarkeit von fünf verschiedenen Kokssorten für den Kupolofen geprüft. 14 Versuche dienten zur Untersuchung zweier Lieferungen des Gleichkornkokses I, d. h. eines Gießereikokses, der nach starker mechanischer Vorbeanspruchung auf die Fraktion 80–100 mm gesiebt wurde. Eine weitere Serie von sechs Versuchen diente zur Beurteilung einer weiteren Qualität, die sich von Gleichkornkoks I dadurch unterschied, daß der Ausgangskohlemischung ca. 10% Pech zugesetzt wurde. Sieben Versuche wurden mit HC-Koks gefahren, um festzustellen, ob beim Einsatz neuerer Lieferungen des HC-Kokses die erhaltenen Leistungsdaten mit den Ergebnissen vorausgegangener Arbeiten übereinstimmten. Im Anschluß an zwei dieser HC-Koksversuche wurden analoge Versuche mit einem Zusatz von 3,75 kg Eisenkoks durchgeführt, und zwar je ein Versuch mit Kalt- und Warmwind. Die Eignung von Würfelformkoks für den Kupolofenbetrieb wurde in vier Versuchen geprüft. Beide Qualitäten des Gleichkornkokses eignen sich gut als Gießereikoks, da sie im Eisentemperaturniveau an HC-Koks herangekommen bzw. dieses bei hohen Windmengen noch übertreffen. Der Verlauf der Eisentemperatur in Abhängigkeit von der Windmenge wich erheblich von der anderer Kokse ab, insbesondere wurde das sonst stets beobachtete Maximum nicht gefunden.

Die Aufteilung der eingebrachten Wärmeenergie auf die einzelnen Wärmeausgaben, also auch auf die Eisenwärme, ist eine koksspezifische Größe. Deutliche Unterschiede zeigen die beiden Gleichkornkokse im Aufkohlungsvermögen. Bei Einsatz von Gleichkornkoks II mit Pechzusatz war der Kohlenstoffabbrand erheblich größer als bei Gleichkornkoks I. Der Manganabbrand ist dagegen bei Verwendung von Gleichkornkoks I erheblich größer als bei Gleichkornkoks II. Auf den Abbrand von Silizium hat die unterschiedliche Koksqualität nur über die Wechselwirkung mit Kohlenstoff bzw. das unterschiedliche Aufkohlungsvermögen einen Einfluß. Die starken Schwankungen in den Abbrandwerten von Gleichkornkoks II deuten darauf hin, daß diese Qualität heterogener angefallen war. Im Wärmewirkungsgrad bestehen kaum Differenzen zwischen den beiden Koksen, Auffallend ist jedoch die Tatsache, daß die Summe der Kühlwasser-, Abstrahl- und Speicherverluste bei Gleichkornkoks II um etwa 4000 kcal/100 kg Eisen höher ist als bei Gleichkornkoks I (erste Lieferung). Diese höheren Verluste haben jedoch keine Auswirkung auf die in das Eisen übergegangene Wärme, da sie durch Verminderung der sonstigen Verlustposten (latente und fühlbare Wärme des Gichtgases) gedeckt werden. Die bei Einsatz von Würfelkoks erzielten Eisentemperaturen lagen um 17–50°C unter denen vergleichbarer HC-Koks-Versuche. Dies hat einen verstärkten Siliziumabbrand zur Folge. Der Manganabbrand ist dagegen bei Würfelkoks geringer als bei vergleichbaren HC-Koksversuchen. Ein Zusatz von Eisenkoks zu HC-Koks hatte einen Abfall der Eisentemperatur zur Folge. Trotzdem hielt sich der FeO-Gehalt der Schlacke innerhalb der üblichen Werte. Hieraus kann man schließen, daß die im Eisenkoks enthaltenen Eisenoxyde nahezu vollständig reduziert wurden. Es dürfte durchaus möglich sein, einen noch größeren Anteil Eisenkoks einzusetzen. Allerdings wäre hierzu eine größere Grobstückigkeit des Eisenkokses notwendig, da sonst negative Auswirkungen auf die Eisentemperatur nicht zu vermeiden sind.

6. Literaturverzeichnis

[1] LAZAREV, J., u. a., Koks, Smola, Gas (1958), S. 254–258; vgl. Stahl und Eisen 80 (1960), S. 684–686.
[2] NOK, PAK SYN, Metalurg (russ.) Nr. 6 (1959), S. 5–7.
[3] Anonym, Bericht der Forschungsanstalt der Rheinstahl Eisenwerke (unveröffentlicht).
[4] PATTERSON, W., und F. NEUMANN, Gießerei 47 (1960), S. 204–208.
[5] PATTERSON, W., F. NEUMANN und H. TRUMP, Diplomarbeit H. Trump, TH Aachen 1960.
[6] PATTERSON, W., F. NEUMANN und F. KRÜTZNER, Diplomarbeit F. Krützner, TH Aachen 1960.
[7] PATTERSON, W., F. NEUMANN und H. KUCKERTZ, Diplomarbeit H. Kuckertz, TH Aachen 1961.
[8] PATTERSON, W., H. SCHENK, und K. SORARUF, Diplomarbeit K. Soraruf, TH Aachen.
[9] PIWOWARSKY, E., und K. KRÄMER, Gießerei, techn.-wiss. Beih. 1 (1949), S. 3–10.
[10] HEDDEN, K., Chem.-Ing.-Techn. 30 (1958), S. 125–132.
[11] PATTERSON, W., K. LÖHBERG und A. DAHLMANN, Gießerei, techn.-wiss. Beih. 29 (1960), S. 1581–1605.
[12] PATTERSON, W., und W. WESKAMP, Gießerei, techn.-wiss. Beih. 24 (1959), S. 1285–1306
[13] NEUMANN, F., Kupolofenhandbuch Düsseldorf (demnächst) und Gießerei 51 (1964), S. 697/710.
[14] NEUMANN, F., H. SCHENCK, W. PATTERSON, Gießerei 47 (1960), S. 25/32.

Forschungsberichte des Landes Nordrhein-Westfalen

Herausgegeben im Auftrage des Ministerpräsidenten Heinz Kühn
von Staatssekretär Professor Dr. h. c. Dr. E. h. Leo Brandt

Sachgruppenverzeichnis

Acetylen · Schweißtechnik
Acetylene · Welding gracitice
Acétylène · Technique du soudage
Acetileno · Técnica de la soldadura
Ацетилен и техника сварки

Arbeitswissenschaft
Labor science
Science du travail
Trabajo científico
Вопросы трудового процесса

Bau · Steine · Erden
Constructure · Construction material ·
Soil research
Construction · Matériaux de construction ·
Recherche souterraine
La construcción · Materiales de construcción ·
Reconocimiento del suelo
Строительство и строительные материалы

Bergbau
Mining
Exploitation des mines
Minería
Горное дело

Biologie
Biology
Biologie
Biologia
Биология

Chemie
Chemistry
Chimie
Quimica
Химия

Druck · Farbe · Papier · Photographie
Printing · Color · Paper · Photography
Imprimerie · Couleur · Papier · Photographie
Artes gráficas · Color · Papel · Fotografía
Типография · Краски · Бумага · Фотография

Eisenverarbeitende Industrie
Metal working industry
Industrie du fer
Industria del hierro
Металлообрабатывающая промышленность

Elektrotechnik · Optik
Electrotechnology · Optics
Electrotechnique · Optique
Electrotécnica · Optica
Электротехника и оптика

Energiewirtschaft
Power economy
Energie
Energía
Энергетическое хозяйство

Fahrzeugbau · Gasmotoren
Vehicle construction · Engines
Construction de véhicules · Moteurs
Construcción de vehículos · Motores
Производство транспортных · Средств

Fertigung
Fabrication
Fabrication
Fabricación
Производство

Funktechnik · Astronomie
Radio engineering · Astronomy
Radiotechnique Astronomie
Radiotécnica · Astronomía
Радиотехника и астрономия

Gaswirtschaft
Gas economy
Gaz
Gas
Газовое хозяйство

Holzbearbeitung
Wood working
Travail du bois
Trabajo de la madera
Деревообработка

Hüttenwesen · Werkstoffkunde
Metallurgy · Materials research
Métallurgie · Materiaux
Metalurgia · Materiales
Металлургия и материаловедение

Kunststoffe
Plastics
Plastiques
Plásticos
Пластмассы

Luftfahrt · Flugwissenschaft
Aeronautics · Aviation
Aéronautique · Aviation
Aeronáutica · Aviación
Авиация

Luftreinhaltung
Air-cleaning
Purification de l'air
Purificación del aire
Очищение воздуха

Maschinenbau
Machinery
Construction mécanique
Construcción de máquinas
Машиностроительство

Mathematik
Mathematics
Mathématiques
Mathemáticas
Математика

Medizin · Pharmakologie
Medicine · Pharmacology
Médecine · Pharmacologie
Medicina · Farmacología
Медицина и фармакология

NE-Metalle
Non-ferrous metal
Metal non ferreux
Metal no ferroso
Цветные металлы

Physik
Physics
Physique
Física
Физика

Rationalisierung
Rationalizing
Rationalisation
Racionalización
Рационализация

Schall · Ultraschall
Sound · Ultrasonics
Son · Ultra-son
Sonido · Ultrasónico
Звук и ультразвук

Schiffahrt
Navigation
Navigation
Navegación
Судоходство

Textilforschung
Textile research
Textiles
Textil
Вопросы текстильной промышленности

Turbinen
Turbines
Turbines
Turbinas
Турбины

Verkehr
Traffic
Trafic
Tráfico
Транспорт

Wirtschaftswissenschaften
Political economy
Economie politique
Ciencias económicas
Экономические науки

Einzelverzeichnis der Sachgruppen bitte anfordern

Westdeutscher Verlag · Köln und Opladen
567 Opladen/Rhld., Ophovener Straße 1–3, Postfach 1620

GPSR Compliance

The European Union's (EU) General Product Safety Regulation (GPSR) is a set of rules that requires consumer products to be safe and our obligations to ensure this.

If you have any concerns about our products, you can contact us on

ProductSafety@springernature.com

In case Publisher is established outside the EU, the EU authorized representative is:

Springer Nature Customer Service Center GmbH
Europaplatz 3
69115 Heidelberg, Germany

www.ingramcontent.com/pod-product-compliance
Ingram Content Group UK Ltd.
Pitfield, Milton Keynes, MK11 3LW, UK
UKHW051659240426

12048UKWH00039B/1423